The Handbook of Wild-herbs Rosette

野草のロゼットハンドブック

亀田龍吉 著

文一総合出版

ロゼットってなに？

What is the Rosette?

　ロゼット（Rosette）の語源は、バラの花です。茎を立ち上げず、葉は地際から直接出す根生葉（こんせいよう）の形をとって放射状に広がり、バラの花のような形を呈する植物のことを指します。ではなぜ、このような形になるのでしょうか？

　ロゼットは、大きく2つのタイプに分けられます。1つは、その一生をロゼット状の根生葉で過ごす「一生ロゼット型」。もう1つは、越年草（2年草）や多年草に見られる「冬期サバイバル型」です。前者は、踏みつけられたり、刈り取られたりするような環境で生きるために低く平らなロゼット型が適している植物で、オオバコやタンポポなどがあげられます。後者は、季節によっては茎葉をつけて上に伸びますが、秋に芽生えた苗が冬の厳しい寒さに耐えるために地に伏して、風雪や乾燥をしのぎながら太陽光を無駄なく受けるためにロゼット状になったものです。オオアレチノギクやノアザミなど多くの越年草や多年草が、この形で冬を越します。

▲オオアレチノギクは2年草の越冬型

▲オオバコは一生ロゼット型

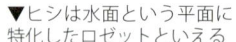

▼ヒシは水面という平面に特化したロゼットといえる

▼ハマボウフウは花期でも砂に埋もれるように平たい

ロゼットの探し方と見分けるコツ

How to find the Rosette & learn the identification tips

　ロゼットを探すには、冬がいちばんおすすめです。背の高い草が枯れてなくなり、またロゼットの形で越冬する植物が多いからです。道端や街路樹の根元、公園など身近な場所を探せば、セイヨウタンポポやオニタビラコ、ナズナなどはすぐに見つかるでしょう。さらにおすすめなのは、宅地造成地や埋め立て地など土が新しく入れ替わった土地です。そのような土地に最初に生えてくる植物を「パイオニア植物」といい、ロゼットの中には、メマツヨイグサやビロードモウズイカ、ヒメジョオン、オオアレチノギクといったパイオニア植物が多いため、一度にたくさんの種類が見つかる可能性があります。また、田んぼや畑、その周辺の農道やあぜ道、土手などもロゼットを見つけやすいポイントです。常に人によって背の高い草が取り除かれている場所はロゼットが多く、また探しやすいのです。

　ロゼットは、高山や海岸でも見られます。海岸の岩場や砂浜などは、強い日差しや潮風など、植物にとっては過酷な生活条件がそろっていますが、こうした場所でも耐え忍ぶロゼットが見つかります。目が慣れてくれば、至るところでロゼットに気づくでしょう。ロゼットを見つけたら、どんな花を咲かせるのか、ぜひ観察してみてください。ロゼット同様、春には美しい花が咲くでしょう。

▲冬の原っぱはロゼットが探しやすい

▲造成地のロゼット群

▲海岸の砂地

▲海岸の岩場

用語の解説
Glossary

●葉のつくり

●葉の形

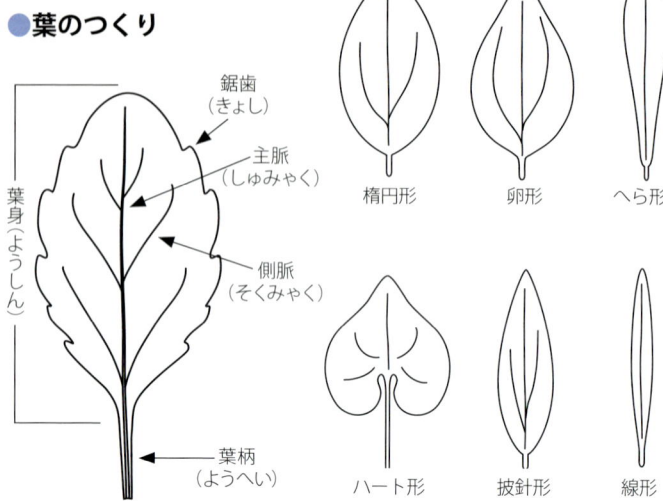

葉身(ようしん)
鋸歯(きょし)
主脈(しゅみゃく)
側脈(そくみゃく)
葉柄(ようへい)

楕円形　卵形　へら形
ハート形　披針形　線形

●葉のつき方

互生(ごせい)

対生(たいせい)

輪生(りんせい)

●複葉 (ふくよう)

羽状複葉

3出複葉

2回3出複葉

本書の使い方

How to use this book

① 種名や漢字名、科名、学名などを表示。

② ロゼットの形態をはじめ、国内での分布や生息環境、草丈、花期、類似種との識別点などを解説。

③ 越冬するロゼットの様子がわかる写真をメインで掲載。

④ 識別する際に重要な葉や花のアップ写真のほか、全体の様子がわかる写真も収録。

● 花序 (かじょ)

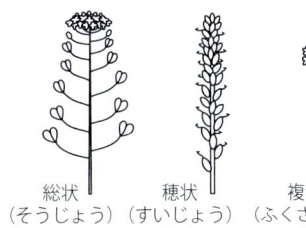

総状 (そうじょう) 花序　　穂状 (すいじょう) 花序　　複散形 (ふくさんけい) 花序　　円錐 (えんすい) 花序　　杯状 (はいじょう) 花序

1年草：春に発芽して夏から秋に開花・結実し、冬になるまでには根も枯れて種子だけが残るもの。

越年草 (えつねんそう)：秋に発芽して冬を越し、夏までに開花・結実するもの。

2年草：発芽した年には開花せずに越冬し、翌年開花して結実しその年の冬までに根も枯れて種子だけが残るもの。

多年草：根や地下茎が枯れずに生存し、毎年春に葉や茎を伸ばして花を咲かせ、その年の秋に地上部が枯れるもの。

雌性期と雄性期：両性花が自家受粉しないように時差開花するそれぞれの時期。

筒状花 (とうじょうか)：合弁花の1つで花びらが筒状の花。

舌状花 (ぜつじょうか)：合弁花の1つで、花の上部の一部が舌のように伸びている花。

外花穎 (がいかえい)：イネ科植物の小花にある子房を包んでいる部分の1つ。

距 (きょ)：花弁や萼片の一部が長く伸びて袋状になった部分。

蒴果 (さくか)：子房を形作る複数の心皮という果皮が裂開する果実。

痩果 (そうか)：1つの心皮からなり、中に1つの種子をもつ果実。

ほふく枝：地上の茎の基部から伸びて地上を這う茎。ほふく茎ともいう。

総苞葉 (そうほうよう)：葉腋に花または花序をつける特殊化した葉のこと。

実生苗 (みしょうなえ)：種子から芽生えて間もない幼苗のこと。

身近なロゼット一覧

Reference chart of Rosette

切れ込み

- コマツヨイグサ…p.23
- ユウゲショウ…p.24
- ヒルザキツキミソウ…p.25
- ナズナ…p.32
- ハマダイコン…p.36
- イヌガラシ…p.37
- スカシタゴボウ…p.38
- ヨモギ…p.56
- ヒレアザミ…p.57
- ノアザミ…p.58
- フジアザミ…p.59
- オオアレチノギク…p.60
- ヒメムカシヨモギ…p.61
- キツネアザミ…p.69
- ブタナ…p.70
- コオニタビラコ…p.73
- ノボロギク…p.76
- ノゲシ…p.78
- オニノゲシ…p.79
- セイヨウタンポポ…p.80

身近なロゼット一覧 Reference chart of Rosette

細かく裂ける

オニタビラコ…p81
●ムラサキケマン…p.16
ケキツネノボタン…p.17 ●タガラシ…p.18 ●アメリカフウロ…p.21
ヘビイチゴ…p.29 ●キジムシロ…p.30 ●タネツケバナ…p.33
ミチタネツケバナ…p.34 ●ヤエムグラ…p.49 ●オオイヌノフグリ…p.53
マメカミツレ…p.62 ●ミツバ…p.82 ●ハマボウフウ…p.83
セリ…p.84 ●ハマゼリ…p.85 ●ボタンボウフウ…p.86

楕円形・3出

●メマツヨイグサ…p.22 ●ムラサキツメクサ…p.26

身近なロゼット一覧

Reference chart of Rosette

- シロツメクサ…p.27
- イヌナズナ…p.35
- ギシギシ…p.40
- スイバ…p.41
- オオバコ…p.52
- ビロードモウズイカ…p

披針形

- ムシトリナデシコ…p.44
- アキノノゲシ…p.72
- コウゾリナ…p.74
- アラゲハンゴンソウ…p.75
- セイタカアワダチソウ…p

線形
肉厚・線形

- ニワゼキショウ…p.10
- ハナニラ…p.11
- スズメノヤリ…p.12
- オヒシバ…p.13
- メヒシバ…p.14
- アキノエノコログサ…p.15
- ツメクサ…p.43
- チチコグサ…p.68

ニワゼキショウ 庭石菖

アヤメ科ニワゼキショウ属　*Sisyrinchium rosulatum*

明治時代に北アメリカから渡来した帰化植物だが、今では日本各地の草原や芝生で普通に見られる。冬は低く寝ているが、花期の草丈は 10 〜 20cm。細い葉がセキショウに似ることからこの名がついた。花は直径約 1.5cm で、赤紫色のものと白いものがあり、混在することも多い。

▲冬は放射状に葉を広げる

▼葉の幅は 3 〜 4mm

▲左の 2 つがニワゼキショウ

◀赤紫色タイプの花

◀蒴果は約 3mm でほぼ球形

◀白い花の個体。茎は平たく小さな翼がある

▶白い花と赤紫色の花が混在して咲いている。花期は 5 〜 6 月

ハナニラ 花韮

ネギ科ハナニラ属　*Ipheion uniflorum*

南アメリカ原産。観賞用に輸入されたものが各地で野生化。道端や土手、公園や街路樹の根元などに生える多年草。葉は長さ10〜20cmの線形で、その名の通りニラの匂いがする。花茎は立ち上がって高さ10〜25cmになる。花期は4〜5月、直径約3cmの白い花をつける。

▲多少黄色くなる葉もあるが、冬も緑色の線形の葉を多数密集させて低く広がっている

▼葉はねじれたり曲がったりしていることが多い

◀花は青紫色がかるものもある

▼春先に白い花の花茎をたくさん立ち上げる

▲花は花茎の先に1輪ずつ咲き、花茎は分枝しない

スズメノヤリ 雀の槍

イグサ科スズメノヤリ属 *Luzula capitata*

北海道、本州、四国、九州に分布。草地に普通に見られる多年草。草丈は 10 〜 30cm。突き出た花茎の先についた頭花が、大名行列の毛槍に似ているところからこの名がついた。葉の縁には白くて長い毛が多数、生えている。冬には低く葉を広げるが、赤紫〜赤褐色に色づくことが多い。

▲細長くとがった葉の先端と白い毛が目立つ

▶根生葉は長さ 3 〜 15cm

◀雄性期の花。花被片は赤褐色を帯びる。黄色く見えるのが雄しべ

◀雌性期の花。白く見えるのが雌しべ

▼花期は 4 〜 5 月。早春には、冬の赤褐色が残ったまま花茎が立ち上がる

オヒシバ 雄日芝

イネ科オヒシバ属　*Eleusine indica*

日本各地で見られる夏の雑草。草丈は30〜60cm。花期は7〜10月。乾燥に強く、道端や空き地、アスファルトのすき間にも生える。メヒシバ（p.14）に比べて太く、簡単には引き抜けないほど丈夫。寒い時期には低く地に広がるが、やがて花茎を立ち上げ、2〜6個の花序の枝を出す。

▲葉鞘は白っぽくて平たいのでメヒシバと区別できる

◀葉の基部の縁には白くて長い軟毛がある

◀花序は太く平たく、片側に小穂が2列に並ぶ

◀メヒシバより花序が太く、葉は長い

▶メヒシバより太くて丈夫な分、踏みつけや乾燥といったストレスにも強い

メヒシバ 雌日芝

イネ科メヒシバ属 *Digitaria ciliaris*

北海道から九州までの道端や空き地で見られる。オヒシバより細く女性的なのでこの名がある。草丈は30〜90cmで、葉の長さは8〜20cm。倒れた茎の節から根を出して広がり、先端は花茎を出して立ち上がる。冬期は茎葉を放射状に広げ、低く地に伏せて寒さに耐えている。

▲葉は短めで葉鞘は赤みを帯びることが多い

▲長さ約3mmの花穂が2個ずつ対になってつく

▼オヒシバ（p.13）より細くて葉が短いのが特徴

▲花序の枝は幅約1mmと細い

▲葉鞘の上端には長い毛が生える

▼華奢なのでオヒシバより湿った環境を好むようである

アキノエノコログサ 秋の狗尾草

イネ科エノコログサ属　*Setaria faberi*

▲オヒシバ（p.13）に似るが葉は短め

北海道、本州、四国、九州の道端や空き地、畑などに普通に見られる。いわゆる「猫じゃらし」と呼ばれるものの1つで、エノコログサより全体に大きく花序も重いため、先が垂れ下がる傾向が強い。草丈は50〜100cm、花期はエノコログサよりやや遅く、8〜11月くらい。

◀花期の花序。白く見えるのが雌しべ

▶小花の外花穎が露出するのが特徴

▲花序の長さは5〜12cmと大きめ

◀葉の幅は1.5〜2.3cmくらい

▶葉鞘の縁には毛がある

▼花序はやや赤紫色がかることもあり、普通は先が下向きに垂れる

ムラサキケマン　紫華鬘

ケマンソウ科キケマン属　*Corydalis incisa*

林縁などやや湿った場所を好む。日本各地に分布する2年草。草丈は20〜50cm。4〜6月頃に長さ1.2〜2cmの紅紫色の花を茎の上部に多数、総状につける。冬期は落ち葉などに半分埋もれるように葉を広げていることが多く目立たない。ウスバシロチョウの幼虫の食草だが有毒。

▲写真は大きめの株だが、葉が細かいので目立たない

▲花は長い距をもつ

▲萌花は下向きにつく

▲林縁部などに多いため落ち葉に埋もれていることもある

▼距の部分の色には個体差があり、写真はやや白い個体

距

▲葉は2〜3回羽状に細かく裂ける

▲花は茎の上部に総状につき、花には長い距がある

ケキツネノボタン　毛狐の牡丹

キンポウゲ科キンポウゲ属　*Ranunculus cantoniensis*

キツネノボタンより全体に毛が多いことからこの名がある。日本各地に分布するが関東などではキツネノボタンより普通に見られる。水田や休耕田、畦などの湿った場所を好む多年草。草丈は 30 〜 50cm、秋までに育った苗は葉を低く広げて冬を越す。花は春、サクラの咲く頃に開花。

▲葉は 3 出複葉で小葉はさらに 3 裂する

▲花はつやのある黄色

▶全体に毛が多く、葉柄は赤みを帯びることが多い

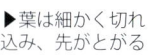

▶葉は細かく切れ込み、先がとがる

▼実はコンペイトウのような形

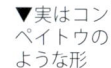

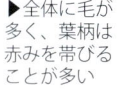

▶キツネノボタンより、こんもりとした株に育つ

タガラシ 田辛子・田枯し

キンポウゲ科キンポウゲ属　*Ranunculus sceleratus*

ハス田のような冬でも水の多く残った田などに多く、冬はロゼット状に葉を広げる。葉は水面に浮き、水への適応がうかがわれる。草丈は30〜60cm、ロゼットの時期には赤褐色の葉は、花の頃には明るい緑色に変わる。キンポウゲの仲間らしい、つやのある黄色い花弁が目立つ。

▲葉は浅い水に浮き、丸く広がる

▼実は円柱状

▲花芯は緑色に盛り上がる

▲いく株も群生することが多い

▼ケキツネノボタン(p.17)より水を好む

▲葉や茎に毛はなく、つやがある。上部の葉は細く3裂

◀ロゼット葉など根生葉は切れ込みは深いものの丸っこい

メノマンネングサ 雌の万年草

ベンケイソウ科マンネングサ属　*Sedum japonicum*

海岸や平地の岩場などに群生するマンネングサの仲間。オノマンネングサより小さいのでこの名がある。本州から九州に分布し、庭や道端などにも多い多年草。秋から早春にかけては群生し、その明るい緑色の細かい葉はまるでコケのようで美しい。塔状のロゼットの集合体で越冬する。

▲寒さの厳しい所ではやや紅葉する

◀花期は5〜7月。葉は長さ0.5〜1.5cm

▲先のとがった5弁の黄色い花

▲葉が細かいので群生するとコケのように見える

▼草丈は日当たりや土質などで異なり、3〜15cmくらい

▲葉は細かいが、タイトゴメ（p.20）よりやや細長い感じ

タイトゴメ 大唐米

ベンケイソウ科マンネングサ属　*Sedum oryzifolium*

関東以西の本州と四国、九州の海岸の岩場に生える小さなマンネングサの仲間。草丈は2～10cm。メノマンネングサ（p.19）に似るが、葉は3～6mmとより小さく丸く肉厚。海岸の岩にへばりつくように生える姿はたくましく美しい。冬の寒さや風雨、波しぶきの当たる環境では紅葉する。

▲海岸の岩の表面や、わずかな割れ目に群生する多年草

◀花の直径は7～8mm。花期は5～7月

▲よく見るとロゼット状の葉が塔状に重なっている

▲肉厚で丸い葉を質の悪い大唐米に例えてこの名がある。茎は赤みを帯びることが多い

▼環境により開花時の草丈はまちまちだが、群落の開花は美しい

アメリカフウロ　亜米利加風露

フウロソウ科フウロソウ属　*Geranium carolinianum*

本州から沖縄の道端や空き地などでよく見られる北アメリカ原産のフウロソウの仲間。ゲンノショウコに似るが、葉の切れ込みがより深く花は小さい。ゲンノショウコより立ち上がる傾向が強く、草丈は10〜60cm。冬期は根生葉を地面に低く放射状に這わせ、時に紅葉する。1年草。

▲根生葉は上部の葉ほど細かく裂けない

◀紅白色の花は直径約1cm

▲葉は基部近くまで5〜7裂する

◀秋や落葉前の紅葉はなかなか美しい

▲下の葉ほど葉柄が長く重ならない

▼花期は5〜9月

メマツヨイグサ　雌待宵草

アカバナ科マツヨイグサ属　*Oenothera biennis*

本州から九州の河原や荒れ地などに見られる北アメリカ原産の帰化植物。6〜9月の夕暮れ時、直径3〜5cmの黄色い花をつける。時に株から分枝し、草丈は0.5〜1.5mにもなる。冬期は時に紅葉しながら見事なロゼット状の株で越冬する。葉の長さや縁の波打ち方には個体差がある。

▲葉には赤紫色の斑点があることが多い2年草

▲きれいに紅葉した大株

▲下部の古い葉ほど色鮮やかに紅葉することが多い

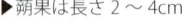

▲花は直径3〜5cm。花弁は4個

▼草丈は0.5〜1.5m。昼間もしぼまずに咲いている花も多い

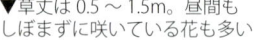

▲茎は赤みがかることも多く上向きの毛がある

▶蒴果は長さ2〜4cm

コマツヨイグサ　小待宵草

アカバナ科マツヨイグサ属　*Oenothera laciniata*

関東以西に分布し、海岸や空き地、畑などに多く見られる多年草。株は地を這うように横に広がり、先端は斜上して高さ20〜30cmほどになる。初夏〜夏にかけて黄色い花を夕暮れ時に開く。ロゼット葉は個体差が著しく、切れ込みや長さ、色など変化に富み、地面に見事に広がる。

▲マツヨイグサの仲間では最も深く葉が切れ込む

▲大株で分枝しながら広がった

▲黄や赤に紅葉することもある

◀葉は先端ほど切れ込みがなくなり、花はしぼむと橙色になる

▲花は直径2〜3cm。花弁は4個で真ん中がへこむ

▲葉は互生し、茎の中ほどの葉の切れ込みは浅い

ユウゲショウ 夕化粧

アカバナ科マツヨイグサ属　*Oenothera rosea*

南アメリカ原産の多年草で、今では関東以西に野生化して分布を広げている。その名の通り直径1cmの淡紅色の花を夕方に開花させるが、その花は翌日の日中も楽しむことができる。ロゼットはコマツヨイグサとヒルザキツキミソウの中間的な形状で、葉面は多少、波打つことが多い。

▲ロゼットの直径は普通10cm以内

▲横へ分枝し、やがて立ち上がる

▲花弁には紅色の脈が目立つ。花期は5〜9月

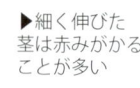

▶細く伸びた茎は赤みがかることが多い

◀葉面は葉脈に沿ってやや波打つ

▼空き地や道端で群生することがある

◀上部の葉は切れ込まないが鋸歯はある

ヒルザキツキミソウ　昼咲月見草

アカバナ科マツヨイグサ属　*Oenothera speciosa*

北アメリカ原産で、園芸用として入ってきた多年草が野生化し、人家周辺や草原、道端などに増え、時に大群落となる。草丈は20〜40cm、花はピンク色で直径4〜6cm、他のツキミソウ（マツヨイグサの仲間）と異なり、昼間咲くのでこの名がある。冬はロゼット状に葉を広げ、紅葉する。

▲この秋の実生だろうか、まだ葉の数は少ない

◀花弁は4個で中央がわずかにへこむ。淡紅色の脈が目立つ

▲霜の降りるようなところでは紅葉する

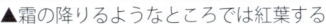

◀葉の切れ込みは不規則

▶葉は互生し、下のものほど切れ込みが深い傾向がある

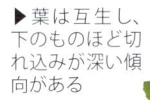

◀時に群生することもあり、もともと園芸種だけあって美しい

ムラサキツメクサ（アカツメクサ）　紫詰草（赤詰草）

マメ科シャジクソウ属　*Trifolium pratense*

明治時代に牧草として入ったものが野生化し、現在では全国に広がった多年草。シロツメクサと異なり茎ごと立ち上がるため、草丈も30〜60cmと高い。赤紫色の小花は、受粉してもシロツメクサのように下向きになることはない。冬期は、小さな葉を地表に密生させ越冬する。

▲シロツメクサより大株だがロゼット時は見分けにくい

▲茎や葉柄が赤みがかることが多い

▲葉の形や模様には変異が多い

▶小花は受粉しても下向きにならない

◀茎や葉柄は赤みがかる傾向にあり、花柄はほとんどない

◀全体に毛が多い

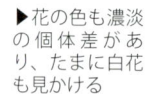

▶花の色も濃淡の個体差があり、たまに白花も見かける

シロツメクサ 白詰草

マメ科シャジクソウ属　*Trifolium repens*

クローバーの名で親しまれるシロツメクサは、江戸時代にオランダからきた帰化植物。草丈は5〜25cmで、空き地や道端に群生する多年草。葉は3小葉からなるが、その形や模様は変化に富み、四つ葉のクローバーもそのひとつ。冬期は小さな葉を地面に這うように密生させる。

▲冬期は葉柄を倒し、葉は上を向く

◀四つ葉は幸せのシンボル

▼球形の花序は小さな花の集合体

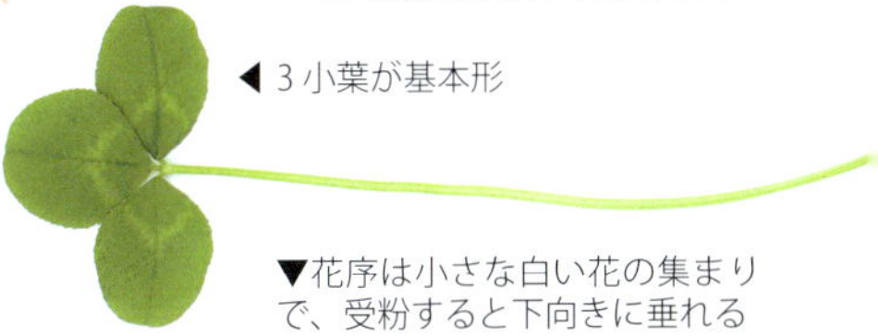

▲冬期は葉を低く密生させる

◀3小葉が基本形

▼花序は小さな白い花の集まりで、受粉すると下向きに垂れる

◀地を這うように茎を伸ばして広がり、群生する

カラスノエンドウ　烏野豌豆

マメ科ソラマメ属　*Vicia sativa*

3〜6月にかけて、野原や道端で普通に見られるマメ科の植物。熟した実のサヤが黒くなるのでカラスの名がついたといわれる。草丈は、他のものに絡まりながら40〜100cmほどになるが、冬の間は色の濃い葉と針金のような茎を地に這わせるように広げ、寒さに耐える。

▲冬の葉は細かくて色も黒ずむ

◀花はまさに小さなスイートピー

▲羽状複葉の葉先はつるになって、周囲のものに絡みつく

▼若い実のサヤは鮮やかな緑色をしている

▼その名の由来の熟した実のサヤの色

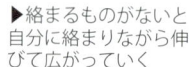

▶絡まるものがないと自分に絡まりながら伸びて広がっていく

ヘビイチゴ　蛇苺

バラ科キジムシロ属　*Potentilla hebiichigo*

田の畦や道端などのやや湿った場所を好み、茎は地を這って節から根を出して広がる多年草。日本各地に分布し、4〜6月に直径1.2〜1.5cmの黄色い5弁花をつける。その約1月後には真っ赤な果実を上向きにつける。実は毒ではないが美味くもない。冬は土に埋もれるように目立たない。

▲冬期は褐色がかった葉で目立たない

▶花は5弁で直径1.2〜1.5cm

▼果実の直径は1.2〜1.5cm

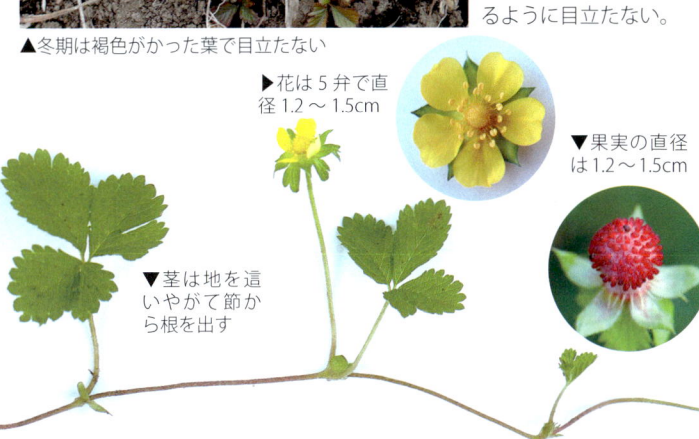

▼茎は地を這いやがて節から根を出す

▲花は長い花柄の先に1個ずつ咲きすぐに散るので、果実ほど目立たない

▲果実は花より長い間つくので、数もそろってよく目につく

キジムシロ 雉筵・雉蓆

バラ科キジムシロ属　*Potentilla sprengeliana*

日本各地の山野に生える。丸く平らに広がる姿をキジの敷くむしろに見立ててこの名がある。地を這うように広がり、草丈は5〜15cm。花は黄色で直径1〜1.5cm。葉の外側に株の周囲を囲むように咲く。冬は、株の中心に柄の短い葉が寄り添うように密集して寒さをしのいでいる。

▼葉は3〜9小葉からなる奇数羽状複葉

▼茎や葉柄は赤みを帯びることが多い

▶花弁は5個で中央がへこむ

▼花期は4〜5月。大株はまさにキジのむしろ

▲花茎は長く葉の外側に伸び出て咲く

カタバミ　片喰・酢漿草

カタバミ科カタバミ属　*Oxalis corniculata*

日本各地の道端や庭、空き地などに普通に見られる背の低い多年草。地を這って茎を伸ばし、そこからまた根を出して広がる。葉はハート形の小葉が3個集まった形で、夜には眠るように葉を閉じる。花は黄色で直径約8mm。花期は5〜7月。暗赤紫色の葉のものをアカカタバミという。

▲冬期は寒さや乾燥に耐えるために葉は閉じ気味

▲暖かい所では冬も茎を伸ばす　　▲熟すと鞘がはじけ実を飛ばす　　▲ハート形の3小葉からなる

▼花は小さいがよく見ると美しい

▲地を這うように茎を伸ばして節から根を出す

ナズナ 薺

アブラナ科ナズナ属　*Capsella bursa-pastoris*

春の七草の1つでもあり、七草粥の1月7日頃には、まさにロゼット状で越冬中。2〜6月には、10〜50cmに育った茎の先端に直径3〜4mmの白い4弁花を多数つける。果実の形が三味線のバチに似ているところから、ぺんぺん草の別名もある。ロゼットは紫褐色になるものもある。

▲ロゼットの葉の形や切れ込みは個体差がある

▼葉腋から分枝した先端にも花をつける

▲花はアブラナ科特有の十字型の4弁花

▼上部の葉は切れ込まない

▶根生葉は深く切れ込むことが多い

▲果実は三角形で三味線のバチのような形

▼畑や道端などどこにでも生え、春真っ先に咲く花の1つ。赤紫色の花はホトケノザ

タネツケバナ　種浸け花

アブラナ科タネツケバナ属　*Cardamine scutata*

日本各地の田や畦、水辺の湿った場所などに群生する1年草。種籾を水につける頃に花が咲くところからこの名がついたという。草丈は15〜30cm。花は白色で直径3〜4mm、花期は4〜6月。冬期は根生葉を放射状に低く伸ばしているが、花の咲く頃には根生葉はほとんど残らない。

▲根生葉は花期にはほとんど残らない

◀花は白い十字形の4弁花

◀ナズナを小さくしたような感じだが、果実の形を見れば一目瞭然

▲果実は長さ約2cmの細い円柱状で、中には種子が1列に並ぶ

▼群生することが多く、代掻き前の田を覆い尽くすこともある

▼上部の葉の小葉は小さく細かい

ミチタネツケバナ 道種浸け花

アブラナ科タネツケバナ属　*Cardamine flexuosa*

ヨーロッパ原産の新しい帰化植物。日本へは昭和末頃に渡来したといわれ、現在では日本各地に分布する1年草。草丈は5～20cm。タネツケバナ（p.33）よりやや乾燥した場所を好み、道端や公園などに多い。冬期はきれいな形のロゼット状。花期は2～4月。花期にも根生葉が残る。

▲冬の根生葉は先端の小葉が丸くて大きい

▲小葉はタネツケバナより丸みを帯びる

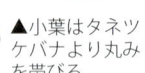

▲雄しべは4本でタネツケバナより2本少ない

▲ロゼットの中央の新芽は紫色がかることが多い

◀花の時期にも根生葉が残るのが特徴

▼庭の端や植え込みの下など目立たない所でしっかりと花をつける

イヌナズナ 犬薺

アブラナ科イヌナズナ属　*Draba nemorosa*

春に草原や道端などに生える1年草。ナズナに似るが花は黄色で実も楕円形である。葉は比較的厚みと光沢があるが、茎とともに毛が多い。春、真っ先に咲き始める草の1つなので、春間近のロゼットの中心には小さなつぼみが用意されていることが多い。小さいが典型的なロゼット。

▲中心にはすでにつぼみができている

▲花の直径は3〜4mm

▲果実は楕円形をしている

▲そろそろ生長を始めようと葉を浮かせ始めたロゼット

▼ナズナに似るが草丈は10〜20cmと小ぶり

▼まだ他の花の少ない早春から咲き始める

ハマダイコン 浜大根

アブラナ科ダイコン属　*Raphanus sativus*

日本各地の海岸の砂地で見られる2年草で、ダイコンが野生化したものといわれる。草丈は30〜70cm。葉は5〜25cmで羽状に深く切れ込む。花期は4〜6月で、花の直径は2〜2.5cm。畑のダイコンより赤紫色が濃い傾向にある。冬期は海岸の砂に半分埋もれるような状態で越冬する。

▲ダイコンより葉に厚みとつやがある

◀冬期、他の草が枯れても青々している

◀くびれてチョロギのような形の実

◀茎はやや赤みを帯びることが多く、下向きの毛がある

▼海岸の砂地に群落を作ることも多い

▲花はダイコンより色が濃い

◀葉は羽状に深裂する

イヌガラシ 犬芥子

アブラナ科イヌガラシ属　*Rorippa indica*

日本各地の道端や草地で普通に見られる多年草。草丈は10～50cm。葉は羽状に裂けるが、茎の上部のものほど切れ込みは浅い。スカシタゴボウ（p.38）に似るが、果実はイヌガラシのほうが細長い。花期は4～9月で、茎は赤紫色を帯びることが多い。冬期は葉も紫褐色に変わる。

▲根生葉には比較的深い切れ込みがある場合が多い

◀花は直径4～5cmでアブラナを小さくしたような形

▼葉腋から茎を伸ばすが、葉の基部はスカシタゴボウほど強くは茎を抱かない

▼葉裏は表より白っぽく灰緑色

果実

▼寒いうちに花を咲かせたものの、葉はまだ赤紫色を帯びている

▲上部の葉ほど切れ込みは浅く、果実はスカシタゴボウより細長い

スカシタゴボウ 透し田牛蒡

アブラナ科イヌガラシ属　*Rorippa palustris*

田や畑のやや湿った場所を好む。イヌガラシ（p.37）に似た2年草で、草丈は20〜50cm。日本各地に分布し、4〜10月に直径3〜4mmの黄色い花を茎の先端につける。葉は羽状に裂け、イヌガラシより深く細かく裂ける。果実は太くて短い。冬期は切れ込みの深い根生葉のロゼットで春を待つ。

▲越冬葉は灰緑色または灰紫色がかることが多い

▼上部の葉も不規則に切れ込む

▲黄色く小さい花はあまり目立たない

▲葉裏は白っぽい葉脈が隆起している

果実

▼太く短い果実の形が特徴的

▼田の畦や水路沿いに群生することもある

ゼニバアオイ　銭葉葵

アオイ科ゼニアオイ属　*Malva neglecta*

日本各地で見られるヨーロッパ原産の帰化植物。名の由来となった葉は円形で、浅く5〜7裂する。茎は地を這って上部は斜上し、草丈は約50cmになる。花は直径1〜1.5cmで、白地にわずかに淡紅色の筋が入る。冬期は地面に低く放射状に葉を広げる。ゼニアオイとは別種。2年草。

▲葉柄の長さを微妙に変えることで葉は重ならない

▼果実は菊の紋章のように種子が並ぶ

◀名前の由来となった葉はほぼ円形

▼葉には長い葉柄があり、花はその葉腋から伸びて咲く

◀花は小さいが近くで見ると淡い紅色の筋が美しい

▶地を這って広がり、先端部が立ち上がる

ギシギシ 羊蹄

タデ科ギシギシ属　*Rumex japonicus*

野原や田の周辺などのやや湿った場所に生える多年草。草丈は40〜100cm。葉は長さ10〜30cmの長楕円形で、縁は大きく波打つ。冬期も枯れた野原に大きな長い葉を平たく広げて越冬する。寒さや霜に遭うと紅葉したり、縮れたりしながらも春先には大きな芽を立ち上げる。

▲冬期、紅葉した葉の縁に霜がつき、まるで砂糖菓子のようだ

▼上部の葉はコンパクトだが縁はやはり大きく波打つ

▲茎に輪生状に多数の果実がつく

翼

▲果実には翼と突起物がある

▼若い葉は食べられるが、スイバ同様、シュウ酸を含むので酸っぱい

◀花も葉も緑色なので目立たないが、その大きな葉は存在感がある

スイバ 蓚・酸い葉

タデ科ギシギシ属　*Rumex acetosa*

北海道から九州までの野原や田の畦、土手などで普通に見られる多年草。茎葉にシュウ酸を含み酸っぱいためこの名がついた。別名スカンポも同様。草丈は0.3〜1mで、5〜8月に雌雄異株にそれぞれ花をつける。冬期は地面に低く葉を広げて春を待つ。時に真っ赤に紅葉する。

▲他のギシギシ類と似るが葉の表面はなめらか

▲冬には真っ赤に紅葉するものもある

▲雌雄異株で写真は雌花

▲若い果実の翼も赤みを帯びる

▲花期の雌株。雌株の上部は赤っぽく見える

▼上部の葉の基部は茎を抱く

▶新緑の草原にスイバの雌花の赤い花序が目立つ。後方の黄色っぽいのが雄花

オランダミミナグサ 和蘭耳菜草

ナデシコ科ミミナグサ属　*Cerastium glomeratum*

日本各地の日当たりのよい所ならどこでも見られるヨーロッパ原産の2年草。特に道端や畑に多く、在来のミミナグサを完全に圧倒した感がある。冬期は平たく横に広がったり、こんもりと半球状に丸くなって寒さや乾燥に耐える。厳冬期に古い葉が多少黄ばむもののほぼ常緑。

▲主脈がへこみ、毛が多いのが特徴

▼花柄が萼片より短いのが特徴。花期は4～5月

▲半球状に丸くなって冬を越す個体も多い

▶全体に毛が多く、茎は紫褐色を帯びることがある

▼とにかくどこにでも生え、アスファルトのすき間からも花を咲かせることがある

▼葉は対生し、茎は紫褐色がかることが多い

ツメクサ 爪草

ナデシコ科ツメクサ属　*Sagina japonica*

庭や道端のよく踏まれるような場所にも生える小さな1年草。草丈は2〜20cm。葉は0.5〜2cmの線形で先端はとがる。3〜7月に直径約4mmの5弁の白い花を葉腋に1個ずつつける。日本各地に分布するが、海岸にはより丈夫そうなハマツメクサが多い。小さなロゼットで越冬。

▲空き地の砂礫に埋もれて越冬中

◀歩道のレンガのすき間に生える。よく見ると立派なロゼット状である

▼花弁は5個。花柱も5個で蒴果も熟すと5裂する

◀葉は対生し、細くとがって鳥の爪のようなのでツメクサと呼ばれるという

▶根元からよく分枝し、茎の先端に近い葉腋から1つずつ白い花を咲かせる

ムシトリナデシコ　虫取り撫子

ナデシコ科マンテマ属　*Silene armeria*

日本には江戸時代に渡来し、現在では北海道から九州に分布するヨーロッパ原産の帰化植物。空き地や道端、河原などに多く、5〜7月に紅色または淡紅色の花を茎の先端に多数つける。葉や茎は粉を吹いたように銀白色がかる。茎の節の下に粘液を出す部分があり、虫をくっつける。

▲ロゼット状に広げた根生葉で越冬する

▲花は紅色が最も普通

◀葉は対生し、上部の葉腋から花茎を分枝させる

▼葉はV字形に対生する

▲淡紅色の花もあり、時にはほとんど白い花もある

▶河原に自生し、草丈は30〜60cmほど

コハコベ 小繁縷

ナデシコ科ハコベ属　*Stellaria media*

日本各地の畑や道端で普通に見られる。春の七草ではハコベラと呼ばれる。地を這って広がり、斜上して地上から2～30cmくらいになる。3～9月に直径3～4mmの白い花を咲かせ、雄しべの数は1～7個である。茎があるためロゼットとはいえないが、地面に低く広がって越冬する。

▲畑や道端でこんな姿をよく目にする

▼花弁は深く2裂する

▲雄しべは1～7個

▲寒さと乾燥で葉を黄色く枯らしながらも冬を越す

▼環境により草丈や茎の色などはまちまちである

▲茎は赤紫色を帯びることが多い。花後、花柄はいったん下向きになる

ホナガイヌビユ （アオビユ）　穂長犬びゆ（青びゆ）

ヒユ科ヒユ属　*Amaranthus viridis*

日本各地に分布する南アメリカ原産の帰化植物。畑や道端などに多く、茎は分枝しながら斜上し、高さ約80cmになる。よく似たものにイヌビユがあるが、イヌビユのほうが花穂が短く、葉の先のへこみが大きい。葉は食べられる。冬期は茎を低く放射状に広げて日光を無駄なく葉に受ける。

▲茎と葉柄の長さをうまく変えて葉に光を受ける

◀花は小さく目立たない。雄しべは普通3個

花穂

▲葉の先端は丸いか小さくへこむ

▲花が終わると茶色く見える

▼家畜の飼料とともに帰化したため牧場付近にも多い

▲よく枝分かれし、それぞれの先端に花穂をつける

ツルナ　蔓菜

ハマミズナ科ツルナ属　*Tetragonia tetragonioides*

北海道西南部以南の太平洋側の海岸の砂地に生える多年草。丸みのある三角形の葉は長さ3〜7cm、肉厚で塩分や日照にも強い。4〜11月に葉腋に花をつけるが、これは4〜5裂した萼で内側が黄色いので花弁のように見える。冬期は黄や赤に葉を染めて越冬する。

◀花弁のように見えるのは萼である

▲葉には小さな泡状の突起があり、ベタついた感じがある

▶葉は互生し、葉腋に花がつく

▶地を這うように広がって大株になることもある。昔から食用にしていた

ハマボッス 浜払子

ヤブコウジ科オカトラノオ属　*Lysimachia mauritiana*

日本各地の海岸に生える2年草で、厚く光沢のある葉をもつ。草丈は10～40cm。5～6月に直径1cmほどの白い花を茎の先端部につける。葉は互生し、茎は四角く赤みを帯びることが多い。冬期は海岸の岩や砂に張りつくように密着していることが多い。冬も葉の光沢は保たれる。

▲冬期は葉につやはあるものの黄紅葉する葉もある

▶花冠は直径約1cmで深く5裂する

▼茎は四角く赤みを帯びることが多い

▲岩のくぼみや砂に埋もれながらも葉の光沢は失わない

▼全体に多肉質でつやがある

▼環境により草丈はいろいろで、群生することもある

ヤエムグラ 八重葎

アカネ科ヤエムグラ属　*Galium spurium*

日本各地の道端や荒れ地に見られる越年草。茎や葉の下向きのトゲで周囲のものに寄りかかるように伸びる。草丈は60〜90cm。葉は6〜8枚が輪生し、そのうち2枚のみが本来の葉で、あとは托葉が変化したものとされる。越冬株は細かい葉を短い節間で密生させて伏している。

▲花期とは葉や茎の色や雰囲気が異なり別種のようだ

◀緑白色の花は約3mm。花期は5〜6月

▼葉は四角い茎の回りに輪生する

▼葉の先端や葉腋から花茎を伸ばして花をつける

◀葉の縁や裏の主脈にも細かなトゲがある

▶周囲のものに寄りかかって伸び、花の咲く頃には草丈60cm以上になる

キュウリグサ 胡瓜草

ムラサキ科キュウリグサ属　*Trigonotis peduncularis*

道端や空き地に多い2年草。葉をもむとキュウリの匂いがするのでこの名がある。花は直径約2mmの淡青紫色で中心部は黄色く、ワスレナグサの花を小さくした感じ。冬のロゼットは環境と育ち具合によって色や形が多様。葉柄の長さにより受光量を増すしくみは見事。

▲葉柄の長さを変えることで、すべての葉に光が当たる

▶かわいい花の花期は3〜5月

▼根際ほど葉柄が長い。花序はサソリの尾のように巻く

▲寒々と乾燥して紅葉したロゼット

▼道端のアスファルトのすき間にも生えるしたたかさをもっている

ヘラオオバコ　箆大葉子

オオバコ科オオバコ属　*Plantago lanceolata*

ヨーロッパ原産の帰化植物で、世界中に分布を広げている。へら形の細長い葉からその名がつき、縦に走る大きな葉脈が目立つ。道端や荒れ地に多く、越冬時はきれいなロゼット状に低く葉を広げる。原産地ではプランティンの名のハーブとして親しまれ、薬用にも使われている。

▲細長い葉と縦に走る葉脈が特徴

◀葉の裏面の脈上や葉柄には毛がある

▲花序の下から咲く。まず雌しべが出て（右）、その後を追うように雄しべが伸びる（左）

▶長い花茎の先に4〜5cmの花序がつく

▼花期は5〜8月で、花茎は30〜50cmになり立ち上がる

◀葉は前後がすぼんだへら形で、先端はとがる。縦の葉脈が目立ち、裏には毛がある

オオバコ 大葉子

オオバコ科オオバコ属　*Plantago asiatica*

中国名は車前草（しゃぜんそう）で、人や車が踏みつけるような道や駐車場などの固い地面でも元気に育つ。日本各地に分布し、4〜9月頃に高さ10〜20cmほどの花茎を伸ばし、穂状の花序に花弁のない小さな花をたくさんつける。越冬葉は、踏まれても平気なように平たいロゼット状だ。

▲他の草が生えないような固い地面にも生育する

◀芽の先は根生葉の中心の深い所にあるので踏まれ強い

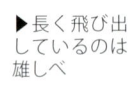

▶長く飛び出しているのは雄しべ

◀大葉子の名は広い葉の形に由来する

▼車の轍（わだち）などに沿って群生することも多い

▼強い繊維

オオイヌノフグリ 大犬の陰嚢

オオバコ科クワガタソウ属　*Veronica persica*

早春から直径6〜7mmの青紫色の花をつけ、道端や畑地などに群生することが多い。今では全国的に普通に見られるが、明治時代にユーラシア・アフリカから入ってきた帰化植物。地を這うように広がるタイプなので、冬期も地面に伏すように小さな葉を密生させる。

▼上部の葉は互生し、葉腋から花茎を伸ばす

花茎

◀花は青紫色で青い筋が目立つ

▶実は2球がくっついた形

▼春先のはじめの葉は対生する

▼まだ花が少ない早春に咲く小さな青紫色の花は、小さいがよく目立つ

ビロードモウズイカ 天鷲絨毛蕊花

ゴマノハグサ科モウズイカ属　*Verbascum thapsus*

明治時代に観賞用に渡来したヨーロッパ原産の帰化植物。河原や荒れ地、高速道路脇などに多く、草丈は1〜2mになる。6〜9月に茎の先に20〜30cmの総状花序を出し、直径2.5〜3cmの黄色い花をつける。冬期は黄灰白色にしおれながらもロゼット状の葉で越冬する。

▲水分が抜けたようになりながらも越冬する

▲黄色い花は5裂する

▲蒴果は熟すと裂ける

▲早春、生長を始めた葉。まさにロゼット状

▲茎には翼があり、葉につながっている

▶20〜30cmの総状花序に多数の黄色い花がつく

▼河原の砂礫地でも大株に育つ。原産地でも荒れ地や道端に多い

ヒメオドリコソウ　姫踊子草

シソ科オドリコソウ属　*Lamium purpureum*

オドリコソウに似るが小さいのでこの名がある。上部の花がつく辺りの葉は赤紫色を帯びるなど、雰囲気は大分異なる。草丈は10～25cmで、密に群生することが多い。ヨーロッパ原産の2年草で道端に多く、冬期は小苗で越冬する。ホトケノザの小苗とよく似ている。

▲冬にはしわの多い小さな葉を低く密生させる

◀葉は対生し、上部の葉は節間が短く密につき赤紫色

▲ホトケノザの花と似るが基部は葉に隠れる

◀葉はハート形で長さ1～3cm。葉脈が目立つ

▼花期は4～5月。道端などに密に群生することが多く、上部の赤紫色の葉が目立つ

ヨモギ 蓬

キク科ヨモギ属 *Artemisia indica*

お灸や草餅に使われることでよく知られ、北海道を除く広い地域の山や野原で普通に見られる多年草。草丈は50〜120cm。9〜10月頃に茎の先に小さな頭花を多数つける。地下茎を伸ばして広がるので、四方木（よもぎ）という名がついたという説もある。繁殖力は旺盛。

▲銀白色の毛をつけた冬期のロゼット状の葉

▲アスファルトを突き破って顔を出した

▲大きな円錐花序に小さな頭花

▼葉には独特の香りがあり、裏は白色

▲葉裏には銀白色の毛が密生し、これを集めたものが艾（もぐさ）

▶葉は、春先の出たては銀白色。伸び盛りは明るい緑色

ヒレアザミ　鰭薊

キク科ヒレアザミ属　*Carduus crispus*

道端や土手に多いアザミに近い仲間で、古い時代に大陸から帰化したといわれる。茎にはトゲのある翼があり、どこに触れても痛い。草丈は 0.7 〜 1.7m で、先端に直径 2 〜 2.5cm の紅紫色の頭花を数個ずつつける。花冠が白色のものをシロバナヒレアザミという。冬期はロゼット状の葉で越冬。

▲ノアザミ（p.58）のロゼットより繊細な感じ

▼葉にも茎の翼にも縁にトゲがある

▲茎の翼のトゲ。長さは 3 〜 5mm ほど

▲花冠の白いシロバナヒレアザミ

▼草丈は環境により個体差があり、時に人の背丈を超えることもある

◀全体が翼とトゲに覆われており、節間は比較的長いのでスマートな感じ

ノアザミ 野薊

キク科アザミ属 *Cirsium japonicum*

本州、四国、九州の山野で普通に見られる多年草。他のアザミに先駆けて、4〜8月頃まで直径4〜5cmの赤紫色の花を茎の頂部に上向きに咲かせる。草丈は0.5〜1mで葉には鋭いトゲが多く、さわると痛い。冬期は根生葉をロゼット状に広げるが、根生葉は花期にも残る。

▲葉は複雑に切れ込みトゲが多い

▼頭花はすべて筒状花からなる

▼茎につく葉は大きく基部は茎を抱く

◀つぼみを包む総苞片は反り返らず、さわるとべたつく

総苞片

▶葉はややつやがあり、鋭いトゲが多い

▶春早く咲いたものは節間が短く、ずんぐり見える

フジアザミ　富士薊

キク科アザミ属　*Cirsium purpuratum*

関東と中部地方、特に富士山周辺に多いのでこの名がある。山の崩壊地など砂礫や火山礫地などに多く見られる。長さ50〜70cmの大きな葉を広げ、8〜10月に0.7〜1mの花茎を立ち上げ、その先に直径7〜10cmの赤紫色の頭花を下向きにつける。ロゼット状の根生葉は花期も残る。

▲大きな株ではロゼットの直径は1mを超える

▼総苞片は反り返る

総苞片

◀花茎は途中で枝分かれし、花の直下の茎は赤紫色がかることが多い

▲火山礫地の厳しい環境に芽生え、葉数は少ないもののロゼット状で育つ

▼花も葉も日本のアザミの仲間では最大級で、花期の大株は見事だ

◀中くらいの株の葉。葉のつけ根付近は赤紫色を帯びることが多い

オオアレチノギク 大荒地野菊

キク科イズハハコ属　*Conyza sumatrensis*

南アメリカ原産の2年草で、日本へは大正時代に渡来し、各地に帰化している。ヒメムカシヨモギとともに道端や荒れ地の代表的な草で、草丈は1～2mになる。ヒメムカシヨモギと異なり頭花は筒状花のみで白くない。ロゼット葉も茎の葉に似ており、生長した姿を容易に想像できる。

▲直径20cm以上になるロゼットもある

▼葉は表裏とも短毛がある

▲花も果実も淡褐色

▲茎にも短毛が密に生えている

▲株の若さや環境で葉の形は多少異なる

▼アスファルトのわずかなすき間にもたくましく育つ

◀円錐花序に多数の頭花をつけるが、舌状花をもたないので目立たない

ヒメムカシヨモギ 姫昔蓬

キク科イズハハコ属　*Conyza canadensis*

北アメリカ原産の2年草で、日本へは明治初期に渡来。道端や荒れ地に生え、草丈は1～2mになる。8～10月頃に茎の上部の円錐花序に直径3mmの頭花を多数つける。オオアレチノギクと似るが、頭花に舌状花があることなどで区別できる。冬のロゼット葉の形や色もかなり異なる。

▲ロゼット葉はへら状で浅い切れ込みがあることが多い。葉脈は紫色がかる

◀葉は長さ7～10cm、幅0.5～1.5cmで、縁には長い毛がある

▲頭花には舌状花があるので白っぽく見える

▼オオアレチノギクなどとともに荒れ地に生えることが多い

▲筒状花の外側を舌状花が囲む

◀冬期のロゼット葉からは想像しにくい細い葉と高い茎である。全体に毛が多い

マメカミツレ 豆加密列

キク科タカサゴトキンソウ属　*Cotula australis*

オーストラリア原産で、現在では暖地を中心に帰化している。道端や道路の中央分離帯、植え込みや街路樹の根元、公園などに多い。地を這うように広がり、花柄を伸ばして直径5～8mmの白っぽい頭花を通年つける。カミツレはカモミールのことだが、小苗の葉はそっくりだ。

▲小苗はカミツレ（ジャーマンカモミール）によく似ている

▲白いのが筒状花、その周囲は雌花

▲花がそのまま茶色くなったような果実

▲葉は2回羽状に深裂する

◀地を這い上部は斜上し、草丈は5～25cmになる

▼歩道脇の植え込みの下や街路樹の下などに多いが目立たない

ハルジオン 春紫菀

キク科ムカシヨモギ属 *Erigeron philadelphicus*

大正時代に園芸植物として持ち込まれた北アメリカ原産の多年草で、今では各地の空き地や道端、田の畦などに群生する。草丈は0.3〜1m。全体に毛が多く、茎が中空なことでヒメジョオン（p.64）と見分けられる。冬期は地面に放射状に葉を広げ、その根生葉は花期にも残る。

▲古い葉は黄色くなりながらも、じっと寒さに耐える

◀花の色の濃さはいろいろ

▲道端や畦に群生することもある

▲つぼみが恥じらうように下を向いているのも特徴

▼花期は4〜7月。根生葉は花期も残る

▲葉は長楕円形またはへら形で、粗い鋸歯がある

ヒメジョオン 姫女菀

キク科ムカシヨモギ属 *Erigeron annuus*

北アメリカ原産で、江戸〜明治初期にかけて渡来し、現在では日本各地に帰化している。道端や草原に生え、草丈は 0.3〜1.3m。茎の先端に直径 2cm の白い頭花を次々に咲かせる。ハルジオンに似るが、咲き始めは 1 か月ほど遅く、開花期は 6〜10 月。ロゼット葉の色や形も異なる。

▲ロゼットなど根生葉は幅が広くて丸く、浅い切れ込みがある

▲上部の葉ほど細く鋸歯もとがる

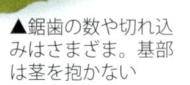

▲鋸歯の数や切れ込みはさまざま。基部は茎を抱かない

◀茎の中はスポンジ状で中空ではない

▼頭花は白くつぼみはあまりうなだれない

▲ハルジオン (p.63) は赤くならないが、ヒメジョオンは紅葉することもある

▼草丈は高く、盛夏や初秋にも花を見かけることがある

ウラジロチチコグサ　裏白父子草

キク科チチコグサモドキ属　*Gamochaeta coarctata*

最近、関東地方以西から九州にかけて急激に分布を広げている南アメリカ原産の帰化植物。道端から空き地、下水の縁などで見られる多年草。花期は4〜8月で、草丈20〜60cmの茎の先に地味な花をつける。冬期は幅広の根生葉を平たく広げ、時に黄葉しながら越冬する。

▲ロゼット状の根生葉は幅広く、ほとんど波打たない

▲低温により黄葉しながら越冬

▶上部の葉は波打ち裏は白色

▶葉の上面はつやのある緑色

◀花弁のない頭花は目立たない

▼環境にあった草丈で花茎を伸ばし、小さな綿毛状の種子を風に飛ばす

▲葉は上部にいくほど細く小さくなり、根生葉は花の時期も残る

根生葉

チチコグサモドキ 父子草疑

キク科チチコグサモドキ属 *Gamochaeta pensylvanica*

熱帯アメリカ原産で、世界の暖地から熱帯にかけて分布。日本には大正時代以降に渡来し、戦後、急速に分布を広げた。草丈は10〜30cm。葉のつけ根から枝を出し、4〜9月頃に茶褐色の頭花をつける。全体に綿毛が多く灰白色を帯びる。ロゼット状の葉はハハコグサに似る。

▲冬のロゼット状の葉。根際からほふく枝を伸ばしている

▶かなり育ってから寒さにあった株

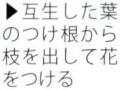

▼ハハコグサよりは短いが、全体に綿毛がある

▲頭花は茶褐色で目立たない

▶互生した葉のつけ根から枝を出して花をつける

▼ほふく枝を出し、時に群生する

ハハコグサ　母子草

キク科ハハコグサ属　*Gnaphalium affine*

春の七草の1つでオギョウと呼ばれる。古くから餅や粥に入れて食用にされた。日本各地の道端や畑などで普通に見られる。稲作の伝播とともに大陸から入ってきた古い帰化植物とされる。全体に灰白色の毛に覆われ、4〜6月に草丈15〜40cmの頂きに黄色い頭花をつける。

▲根本付近で分枝し、大きな株で越冬するものもある

▲白い毛は防寒の役目も果たす

▲春先、芽は斜上してやがて立ち上がる

▼頭花は黄色でよく目立つ

◀葉だけでなく茎も白い毛で覆われる

▼環境により草丈はさまざまだが、白っぽい茎葉に黄色い頭花が目立つ

▶葉の表面にも毛が生える

チチコグサ　父子草

キク科ハハコグサ属　*Gnaphalium japonicum*

道端や荒れ地などに生える多年草で、草丈は8〜25cm。日本各地に分布する。ハハコグサ(p.67)より葉は細く、花も総苞片の紫褐色が目につく程度で地味である。花期は5〜10月。冬期は放射状に葉を広げたロゼット状の根生葉で春を待ち、根生葉は花期も残る。ほふく枝を出して増える。

▲冬は細い葉を放射状に平たく広げる

▼小花や総苞片は紫褐色を帯びる

▼葉の裏は毛が密生し、銀白色

◀茎にも白い毛が生え、細い葉が互生する

▼ほふく枝を出して増えるため、時に大群落を形成することがある

▼葉の表にはうっすらと毛が生える

キツネアザミ　狐薊

キク科キツネアザミ属　*Hemistepta lyrata*

田畑や休耕田、空き地などに見られる高さ50〜120cmの2年草。北海道を除く日本各地に普通。花期は5〜6月で、直径1.5cmの赤紫色の頭花を枝先に上向きにつける。根生葉は切れ込み方に個体差があるものの、大きく複雑に切れ込むので、冬のロゼット時にも豪華で美しく見える。

▲直径20cm以上ある大きな株。葉の切れ込みは深い

▲総苞片は反り返らない

▲小さな株の葉は切れ込みが浅いことが多い

▲低く放射状に広がる葉は典型的なロゼット

▼草丈1mを超える大株。花の数も多い

◀茎の上部の葉は細い

◀葉裏には細かい毛が密生しており白い

◀根元近くの葉の切れ込みは変化に富んでいる

ブタナ 豚菜

キク科ブタナ属　*Hypochaeris radicata*

長い花茎の先にタンポポに似た黄色い花を咲かせるヨーロッパ原産の多年草。コウゾリナ（p.74）に似るが、ブタナは根生葉だけで花茎に葉はつかないので区別しやすい。根生葉はタンポポの葉に似るが、肉厚で毛が多い。葉は羽状に切れ込むものからへら形で切れ込みのないものまで変化に富む。

▼比較的切れ込みの多いタイプの葉

▼舌状花が多いだけに痩果も密だ

▲舌状花の数は多くタンポポのよう

▼葉裏は表面より淡色

▶長い花茎にはコウゾリナのような葉や毛はない。花期は6〜9月

オオジシバリ 大地縛り

キク科ニガナ属　*Ixeris debilis*

田の畦や休耕田など、やや湿った場所を好む多年草。4〜5月に15〜20cmの花茎に直径2〜3cmの黄色い頭花を2、3個つけ、時に群生する。冬はタンポポほど低く平たくはならないが、地面に伏して葉を広げる。環境により赤や紫に紅葉するものもある。葉の切れ込みも多様。

▲葉は縁がやや上に巻き込み葉裏は白っぽく見える

▶冬は紅葉するものもある

◀花はジシバリよりひと回り大きい

▼痩果は透けて見えるほどまばら

▲切れ込みの深い葉

▲▼切れ込みのない葉

▶ジシバリより多少湿った環境を好み、群生すると見事

アキノノゲシ　秋の野芥子・秋の野罌粟

キク科チシャ属　*Lactuca indica*

荒れ地や草原に生える1〜2年草で、草丈は0.6〜2m。日本各地に分布する。ノゲシ（ハルノノゲシ）が春に咲くのに対し、秋に咲くのでこの名がある。花期は8〜11月で、花は淡黄色で同じ属のレタスやサラダ菜の花によく似ている。葉に切れ込みのないものをホソバアキノノゲシという。

▲ロゼット時は葉の切れ込みが浅いものが多い

▶茎や葉を切ると白い液が出る

▲頭花の直径は約2.5cm

▶切れ込みのない葉

▲冠毛つきの痩果は小型

▼秋の日だまりに咲く花は、虫たちの大切な食堂でもある

▲葉の切れ込みは変化に富んでいる

コオニタビラコ 小鬼田平子

キク科ナタネタビラコ属　*Lapsana apogonoides*

別名はタビラコで田平子と書き、まさに冬から早春の水田にロゼット状に平たく葉を広げるところからこの名がついた。本州、四国、九州に分布し、3～5月に4～25cmの茎を斜上し、直径約8mmの黄色い頭花をつける。春の七草のホトケノザとしても知られ、若葉は食用にもなる。

▲タビラコ、ホトケノザの名はロゼット状の葉から

◀頭花の舌状花は普通10個前後

▲冬期には赤紫色に紅葉することもある

▼花期にも花茎はやや斜上する程度で、オニタビラコのように直立はしない

◀葉はタンポポの葉を小さくしたような形で、不規則に切れ込む

コウゾリナ 髪剃菜・剃刀菜・顔剃菜

キク科コウゾリナ属　*Picris hieracioides*

北海道から九州にかけての道端や草地などで普通に見られる2年草。草丈は0.3～1m。5～10月にタンポポの花を小さくしたような黄色い頭花を花茎の先につける。茎や葉には剛毛があり、その感触の鋭さから髪剃菜の名がついたという。茎や剛毛は赤みを帯びることも多い。

▲大株では古い葉は枯れ、中心のみ生き残る

▲若い株の葉は丸くて短い

◀頭花の直径は約2.5cm。舌状花の集まりである

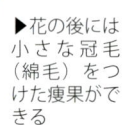

▶茎にも葉にも赤みがかった剛毛が多く、ざらざらする

▶花の後には小さな冠毛（綿毛）をつけた痩果ができる

▶生える場所や草丈はブタナ（p.70）に似るが、花茎にも葉がつくのが特徴

アラゲハンゴンソウ　粗毛反魂草

キク科オオハンゴンソウ属　*Rudbeckia hirta*

園芸用に渡来したものが野生化したと思われる北アメリカ原産の帰化植物。荒れ地や道端、牧草地などで見られる多年草。草丈は40～90cm。花期は7～9月で、花は紫褐色の筒状花と黄色い舌状花からなり、直径8～10cmと大きい。冬期は被針形の根生葉で越冬する。

▲冬も比較的緑色で毛が多い

▲頭花の直径は8～10cm

▲茎はやや赤みがかり粗い毛が生える

▲葉にも全体に粗い毛が生えている

▼園芸種として使われるだけあって花は色鮮やかで美しい

◀葉には粗い鋸歯があり、葉腋から分枝する

ノボロギク 野襤褸菊

キク科ノボロギク属　*Senecio vulgaris*

明治初期に渡来したヨーロッパ原産の1～2年草だが、現在は畑や道端に普通。葉はやや肉厚で不規則な切れ込みがある。頭花は普通、筒状花のみで総苞の上に出た2～3mmの部分が黄色く見える。ロゼット状の時期は短いが、寒い時期には低く放射状に葉を広げることがある。

▲ロゼット状に葉を広げた小苗。中央につぼみが見える

▼葉は細長く、不規則な切れ込みがある

▲頭花の先は黄色く、総苞や小苞の先は黒い

◀痩果は冠毛が広がっても直径7～10mmほど

◀葉は互生し、茎はやや赤みを帯びることが多い

▶アスファルトのすき間にも生える。黄色い頭花と白い冠毛が目立つ

セイタカアワダチソウ　背高泡立草

キク科アキノキリンソウ属　*Solidago canadensis*

荒れ地や草原に群生し、秋には一面に黄色い花を咲かせる北アメリカ原産の多年草。草丈は 2.5m にもなり、広範囲に繁茂する様は壮観。長大な地上部は冬には枯れるが、地面には来春のためにロゼット状の葉がしっかり広がる。環境によって赤紫色に紅葉することもある。

▲実生苗が単独で葉を広げたロゼット。赤紫色に紅葉

◀頭花は外側に細い舌状花をもち、直径約 6mm

▲地下茎から出たものが群生している

◀茎の先端につく円錐花序は長さ 10 ～ 50cm と大きい

▲葉は長さ 5 ～ 15cm で短い毛がある

▶ 花期は 10 ～ 11月。元々観賞用だったというだけに、群生する様は美しく壮観

ノゲシ　野芥子

キク科ノゲシ属　*Sonchus oleraceus*

葉がケシ（ケシ科）の葉に似ることからこの名があるが、キク科の2年草。草丈は0.5～1.2m。ヨーロッパ原産で、日本各地の道端や空き地などで普通に見られる。4～7月頃、茎の先端部に直径約2cmのタンポポに似た黄色い花を次々に咲かせる。冬期はロゼット状の根生葉を広げる。

▲時には直径30cmを越えるロゼットもある

◀頭花は多数の舌状花からなる

◀葉の基部は両側から包み込むように茎を抱く

▲茎や葉の主脈は赤みがかることが多い

▼オニノゲシに似るが、全体にやわらかい感じでさわっても痛くない

◀葉を裏から見ると基部が張り出して茎を抱いているのがわかる

オニノゲシ　鬼野芥子

キク科ノゲシ属　*Sonchus asper*

日本へは明治時代に渡来したヨーロッパ原産の多年草。今では日本各地の道端や空き地で普通に見られる。ノゲシに似るが、葉にはトゲがあって触れると痛い。草丈は0.5〜1.2m。花は黄色く、直径2〜2.5cm。ノゲシより舌状花がより細く数が多い傾向にある。冬のロゼット葉も荒々しい。

▲葉の形はさまざまで、写真は切れ込みの深いタイプ

▲舌状花は細い

▲痩果は冠毛で風に運ばれる

▲冬期の葉や小苗は赤紫色がかることがある

▲葉はノゲシより固く切れ込みも深い傾向

▼どこをさわっても痛い。葉の基部は茎を抱く

▼花期は4〜10月で霜の降りる頃までよく咲く

セイヨウタンポポ 西洋蒲公英

キク科タンポポ属　*Taraxacum officinale*

ヨーロッパ原産の多年草で、総苞外片が外側に反り返るのが在来種のタンポポと異なる特徴。葉はセイヨウタンポポも在来種も切れ込み方に変化が多く、葉による種の識別は難しい。ロゼット時の識別も花の咲くのを待つのが確実。冬には紫褐色に紅葉するものもある。

▶切れ込みが粗く少ないタイプ。ほとんど切れ込みのないものもある

▲総苞外片が反り返るのが特徴

▲総苞外片はつぼみでも反り返る

▲細かく複雑に切れ込むタイプ

▶花期は普通3〜9月だが、暖地では冬も咲くことがある

オニタビラコ 鬼田平子

キク科オニタビラコ属　*Youngia japonica*

道端や公園の隅などに多く、草丈は20〜100cmになる。コオニタビラコ（p.73）が田に多く横に広がるのに対し、オニタビラコは花茎を立ち上げ大きくなる。花期は普通5〜10月で、冬期はロゼット状の葉を平たく広げる。冬の根生葉は、花期の葉に比べ先端や切れ込みが丸みを帯びる。

▲タンポポのロゼットに似るが、全体に細かい毛がある

▲紫褐色や灰褐色を帯びることもある 　　▲冬でも緑色のロゼットもある

▲頭花は直径7〜8mm

◀花期の葉は先端がとがる傾向にある。切れ込みも深い

▶道端や塀の際、アスファルトのすき間などにも生える

ミツバ 三つ葉

セリ科ミツバ属　*Cryptotaenia japonica*

山野のやや湿り気のある林縁や林床などに生える高さ30～80cmの多年草。葉の3出複葉の様からこの名がある。全草に香りをもち、昔からおひたしやお吸い物の具として親しまれている日本産ハーブの代表。冬期はロゼットと呼べる形ではないが、地面に低く葉を広げる。

▲冬は寒さで枯れる葉もあるが、低く葉を広げる

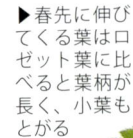

▶春先に伸びてくる葉はロゼット葉に比べると葉柄が長く、小葉もとがる

▼長い葉柄とその先の3小葉すべてが香り高く食用となる

▶花期は6～7月。茎の先に白い小さな花をつける

ハマボウフウ　浜防風

セリ科ハマボウフウ属　*Glehnia littoralis*

日本各地の海岸の砂地に生える高さ5～30cmの多年草。黄色い根は太くて長く薬用にする。若い葉は刺身のつまとなる。砂に埋もれるように花期もロゼット状だが、最近は乱獲や海岸の環境の変化で数が減っている。ボタンボウフウ（p.86）が岩場なのに対し、ハマボウフウは砂地。

▲葉の緑だけ出してあとは砂の中

▲6～7月に白い花をつける

▶ごく若い葉を刺身のつまに用いる

▲葉は1～2回3出羽状複葉

▼砂に埋もれながら熟す果実

▼花期の株も全体が大きなロゼット状

セリ 芹

セリ科セリ属　*Oenanthe javanica*

水田や小川などの浅い水辺に生えるセリは、春の七草の1つでもあり、昔から人々に親しまれている野草だ。七草がゆを作る1月7日頃のセリはまだ平たく、地に伏していることが多い。ロゼットと呼べるかはわからないが、セリの越冬形である。赤紫色がかることもある。

▲七草がゆの頃はこんな感じ

◀5個の花弁をもつ小さな花が集まって咲く

▼摘み時となった春先のセリの葉

▼草丈は20～50cmで、花期は7～8月。果実は楕円形で長さは約3mm

▲葉は1～2回、3出羽状複葉で独特のさわやかな香りがある

ハマゼリ 浜芹

セリ科ハマゼリ属　*Cnidium japonicum*

北海道から九州までの海岸の岩場や砂地に生える2年草。たいていは這うように広がり、いつでもロゼット状だが、時に直立して草丈10〜50cmになる。果実は強壮剤になる。葉はやや多肉質で光沢がある。過酷な海岸の環境では、8〜9月の花期になってもロゼット状のことが多い。

▲ロゼット状のまま花が咲き始めている

▲葯は紫色

▼岩の割れ目に根を張る

▼真夏の炎天下、花が咲き始める

▲セリをコンパクトにして肉厚にした感じ

ボタンボウフウ　牡丹防風・長命草

セリ科ハクサンボウフウ属　*Peucedanum japonicum*

ボタンの葉に似ることからこの名がある。関東地方および石川県以西の本州と四国、九州の海岸に生える草丈0.6〜1mの多年草。6〜9月に複散形花序に白い小さな花を多数つける。冬期には海岸の岩にへばりつくように葉を広げ、春の訪れを待つ。やわらかな若葉や根は食用になる。

▲ハマボウフウの砂浜に対し、ボタンボウフウは岩場

▶ 花は3〜4mmの白色で、雄しべは花弁より長い

▼海岸の岩のわずかなすき間にも生え、塩分にも乾燥にも強い

▶葉は灰緑色でやや肉厚。茎や葉柄は赤みがかることもある

索引

種名	ページ
ア アキノエノコログサ	15
アキノノゲシ	72
アメリカフウロ	21
アラゲハンゴンソウ	75
イヌガラシ	37
イヌナズナ	35
ウラジロチチコグサ	65
オオアレチノギク	60
オオイヌノフグリ	53
オオジシバリ	71
オオバコ	52
オニタビラコ	81
オニノゲシ	79
オヒシバ	13
オランダミミナグサ	42
カ カタバミ	31
カラスノエンドウ	28
ギシギシ	40
キジムシロ	30
キツネアザミ	69
キュウリグサ	50
ケキツネノボタン	17
コウゾリナ	74
コオニタビラコ	73
コハコベ	45
コマツヨイグサ	23
サ シロツメクサ	27
スイバ	41
スカシタゴボウ	38
スズメノヤリ	12
セイタカアワダチソウ	77
セイヨウタンポポ	80
ゼニバアオイ	39
セリ	84
タ タイトゴメ	20
タガラシ	18
タネツケバナ	33
チチコグサ	68
チチコグサモドキ	66
タ ツメクサ	43
ツルナ	47
ナ ナズナ	32
ニワゼキショウ	10
ノアザミ	58
ノゲシ	78
ノボロギク	76
ハ ハナニラ	11
ハハコグサ	67
ハマゼリ	85
ハマダイコン	36
ハマボウフウ	83
ハマボッス	48
ハルジオン	63
ヒメオドリコソウ	55
ヒメジョオン	64
ヒメムカシヨモギ	61
ヒルザキツキミソウ	25
ヒレアザミ	57
ビロードモウズイカ	54
フジアザミ	59
ブタナ	70
ヘビイチゴ	29
ヘラオオバコ	51
ボタンボウフウ	86
ホナガイヌビユ	46
マ マメカミツレ	62
ミチタネツケバナ	34
ミツバ	82
ムシトリナデシコ	44
ムラサキケマン	16
ムラサキツメクサ	26
メノマンネングサ	19
メヒシバ	14
メマツヨイグサ	22
ヤ ヤエムグラ	49
ユウゲショウ	24
ヨモギ	56

あとがき

　ロゼットの機能やデザイン、そして厳しい自然を生き抜く姿にひかれて撮影をはじめたのは、もうずいぶん昔のことです。冬の早朝の野原で、白い霜に覆われて静かにたたずむロゼットの姿は、花にも負けない凛とした美しさがありました。

　この本では、日本の比較的身近な野草を中心にロゼットの形を呈するものを取り上げました。育ってからの草姿や花も載せたので、どんなふうに生長するのか参考にしてください。日本で見られるロゼットは越年草の越冬型が多いので、このハンドブックに掲載した種も大多数は越冬型です。葉の形から典型的なロゼット状にはなりにくいイネ科やアヤメ科などの単子葉類、マメ科やカタバミ科なども入れました。これらは厳密にはロゼットとはいえないかもしれませんが、その形にロゼットと同じような意味があると思われるので、あえて掲載することにしました。ロゼットを探していると必ず目につく植物でもあるので、形や生息環境などを比較しながら観察してみてください。

　ロゼットに限りませんが、植物の葉のつき方や形には、太陽光を効率よく利用して生きていくためのノウハウがぎっしり詰まっているのだと思います。脱原発や省エネが叫ばれる昨今、人間はもっともっと植物からも学ぶべきでしょう。ロゼットは植物の不思議の1つの入り口ともいえます。ぜひ、自分の目で確かめてみてください。

　最後に、この地味な素材をその卓越した企画力で本の形にしてくださった志水謙祐さん、編集作業に尽力くださった中根阿沙子さん、デザイナーの杉澤清司さん、ご協力いただいたすべての方に、この場をお借りして心より御礼申し上げます。

参考文献	林弥栄・平野隆久『野に咲く花』（山と渓谷社） 有沢重雄・亀田龍吉・近田文弘『花と葉で見分ける野草』（小学館）